遗传与进化

撰文/白梅玲　　审订/于宏灿

中国盲文出版社

怎样使用《新视野学习百科》?

请带着好奇、快乐的心情，
展开一趟丰富、有趣的学习旅程！

1 开始正式进入本书之前，请先戴上神奇的思考帽，从书名想一想，这本书可能会说些什么呢?

2 神奇的思考帽一共有 6 顶，每次戴上一顶，并根据帽子下的指示来动动脑。

3 接下来，进入目录，浏览一下，看看这本书的结构是什么，可以帮助你建立整体的概念。

4 现在，开始正式进行这本书的探索啰！本书共 14 个单元，循序渐进，系统地说明本书主要知识。

5 英语关键词：选取在日常生活中实用的相关英语单词，让你随时可以秀一下，也可以帮助上网找资料。

6 新视野学习单：各式各样的题目设计，帮助加深学习效果。

7 我想知道……：这本书也可以倒过来读呢！你可以从最后这个单元的各种问题，来学习本书的各种知识，让阅读和学习更有变化！

神奇的思考帽

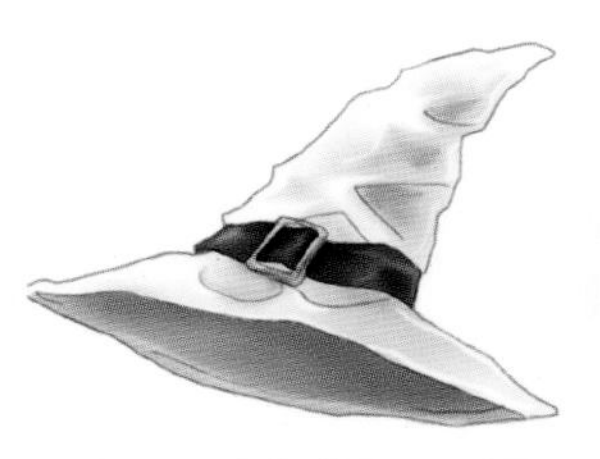
客观地想一想

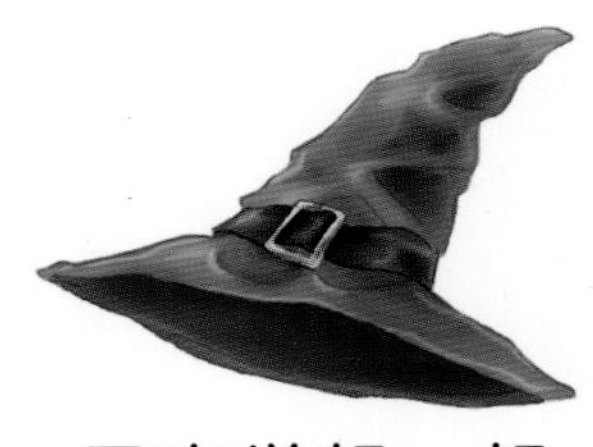
用直觉想一想

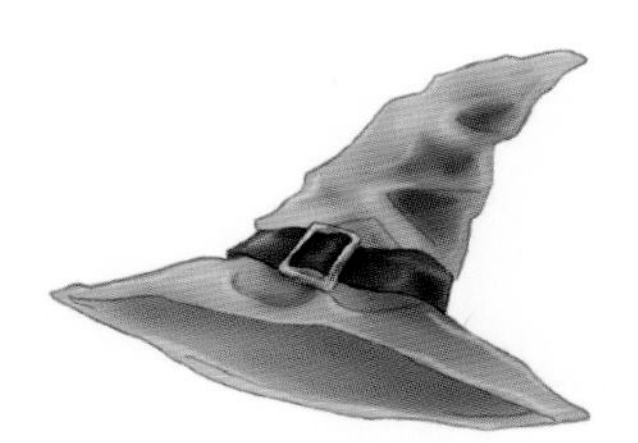
想一想优点

想一想缺点

想得越有创意越好

综合起来想一想

生活中哪些事物会让你想到物竞天择？

你觉得进化会使生物愈来愈好吗？

为宠物进行人工育种时，哪些突变最受欢迎？

饲养纯种猫狗可能有什么坏处？

如果从现在开始生物都停止进化，未来可能发生哪些事？

我们现在可以看到哪几种进化的现象？

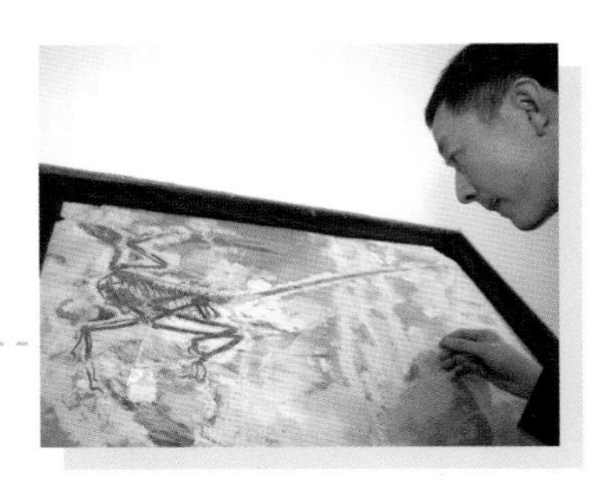

目录

■神奇的思考帽

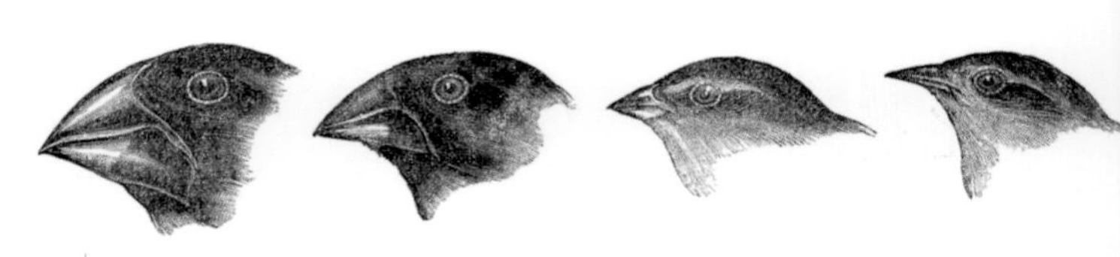

CONTENTS

■专栏

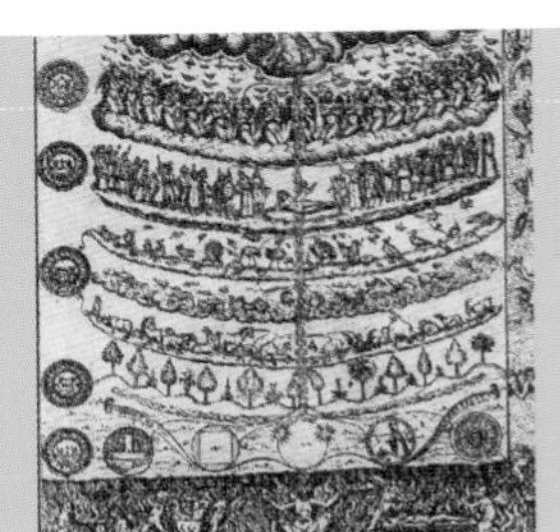

单元1

古人对进化的认识

（根据亚里士多德的理论，16世纪学者画出层级式的生命序列。图片提供/维基百科）

地球上居住着各式各样的生物，这些生物是怎么来的？各种生命之间有什么关系？自古以来人们便对这些问题非常好奇。

亚里士多德已经发现生物的构造是从简单进化到复杂。（图片提供/维基百科，摄影/Interstate—295revisited）

早期的观点

公元前4世纪，古希腊哲人亚里士多德详细比较周围的动物，发现它们的构造有的简单、有的复杂，于是根据构造的复杂程度将动物依序排列起来，称作“自然的阶梯”。

在大约同时期的中国（东周时期），道家对自然现象也有许多细致的观察。在《庄子·至乐篇》中，叙述了生物由一种变为另一种的一连串过程，显示出古人早已认识到物种并不是固定不变的，同时文中还隐含了物种由较简单、微小进而发展为较复杂的想法。

然而自从基督教主导欧洲思想后，创造论长期成为西方的主流观点。在创造论观点中，所有生物都是造物者的完美设计，自创世纪以来就维持不变。

许多民族都有关于造人的传说。玛雅神话中，神以泥土和木头造人失败，最后以玉米粉捏成人类。（图片提供/达志影像）

进化思想的产生

17—18世纪时，古生物学的研究显示，许多曾经活跃在古代的生物，如今已经完全消失了，而许多现今的生物以前根本不存在。这些发现打破了创造论中物种固定不变的观点，科学家开始接受地球上的物种会发生变化的事实，却无法解释产生变化的原因。有人认为是生物忽然发生了大量的突变；有人主张万物都有朝向完美的内在力量；也有人认为是大灾难消灭了许多生物，新的物种才又产生。

1809年，法国的拉马克首先提出较完整的进化理论。他认为生物的某些部分如果经常使用就会日渐发达，就像肌肉经过锻炼会变得强健，而且这些特征可以传给下一代，久而久之累积成物种的变化。关于这些后天特征的遗传性，以现代科学的观点来看是错误的，但拉马克对进化研究仍贡献良多。

在17、18世纪之前，西方的主流思想是创造论。（图片提供/维基百科）

亚里士多德的分类学

亚里士多德将神灵、人、动物、植物和矿物由上到下排列，是最早的分类观念。（图片提供/维基百科）

在“自然的阶梯”里，亚里士多德将自然万物按照“神灵—动物—植物—矿物”的顺序排列。同时，他对动物还做了进一步的观察，将动物分类成较高阶的“有血的动物”和较低阶的“没血的动物”两群，正对应现代分类学的“脊椎动物”与“无脊椎动物”。“有血的动物”又依序分为5类：4只脚的胎生动物（今日的哺乳类）、鸟类、4只脚的生蛋动物（两栖类与爬行类）、类似鲸鱼的生物以及鱼类。这和现代脊椎动物的分类接近，特别是他注意到鲸鱼是胎生而且用肺呼吸，和鱼类有别。至于“没血的动物”也被分成5类。虽然“自然的阶梯”并不符合进化的观点，不过亚里士多德系统化的观察为分类学奠定了基础。

右图：法国的拉马克提出“用进废退说”，他认为长颈鹿的祖先为了吃高处的树叶而拉长脖子，增长的脖子遗传给下一代，一代接一代地拉长，才成为现在的长颈鹿。

左图：英国的达尔文提出“天择说”，长颈鹿因突变而出现脖子较长的个体，长脖子的吃得到较多的树叶，而短脖子的吃不到树叶被淘汰。（插画/张睿洋）

单元2

达尔文的进化论

ON THE ORIGIN OF SPECIES

BY MEANS OF NATURAL SELECTION,

By CHARLES DARWIN, M.A.

（达尔文所著的《物种起源》。图片提供/维基百科）

生物学上的达尔文，有如物理学上的牛顿。他结合野外考察与实验研究，加上缜密的科学论证，对物种的进化提出了突破性的解释。

小猎犬号的旅程

1809年，查尔斯·达尔文出生在英国的医生世家。原本父亲希望他能继承家业，但他在大学里却钟情于博物学。1831年，英国海军派小猎犬号探测船做环球之旅，刚毕业的达尔文在老师的推荐下，担任随行博物学家。

达尔文随小猎犬号航行的路线图。在途中的见闻，让他发展出天择说。（图片提供/维基百科）

小猎犬号穿越大西洋抵达巴西，再沿着南美海岸到达科隆群岛，经过南太平洋的新西兰、澳大利亚后，取道印度洋，绕过非洲向北返回英国，历时5年。旅途中，达尔文在各地研究地质、挖掘化石，详细观察各地的动植物，并采集了大量标本，其中很多都是当时欧洲人还不认识的新物种。

划时代的巨作——《物种起源》

返回英国后的许多年，达尔文都忙于整理这段旅程中的发现。经过深入研究与比较，他认定所有生物都源于单一或少数几个共同的始祖，而“天择”是推动进化、造成物种改变的动力。

在小猎犬号环行世界之旅中，达尔文在南美洲发现了许多进化的证据。（插画/邱朝裕）

他谨慎地进行了20年

斯宾塞将达尔文的进化论引用在社会发展中，称为社会达尔文主义，对纳粹等民族主义的兴起产生重大影响。（图片提供/维基百科）

当时世人无法接受人与猿有共祖的说法，在讽刺漫画中把达尔文画成猴子。（图片提供/达志影像）

的观察与实验，积累了更多的资料与证据，直到1859年才出版划时代的巨作《物种起源》。这本书在学术界及社会民众间引起轩然大波，由于当时人们普遍无法接受物种进化的理论，杂志上甚至把达尔文画成猴子，取笑他认为人类和猿猴有亲缘关系的想法。

20世纪后，随着遗传学的发展，再加上古生物学、分类学、生态学、分子生物学等各领域的进步，愈来愈多的证据支持达尔文的想法，以天择为机制的进化论如今已经广为科学界接受。

天择理论的奠基人：华莱士

华莱士于1823年诞生在英国，因家贫曾从事建筑、测量等相关工作，期间他对采集昆虫产生浓厚兴趣，并立志要旅行各地成为博物学家。25岁时，他到南美洲旅行，4年里详细记录当地的生物、地质与风土人情，不幸回航时船上失火，所有标本都付之一炬。31岁时，他又前往东南亚的马来群岛与东印度群岛，6年中发现了超过1,000个新物种。通过对自然的观察，华莱士也产生了生物是通过天择进化的想法，并和达尔文讨论他的发现，促使达尔文出版《物种起源》一书。他还注意到马来群岛和东印度群岛的动物群，可以分为不同的两群，由一道窄窄的海峡分隔，这道边界被后人称为“华莱士线”，是现在世界动物地理区中东洋区和澳大利亚区分界的基础。

华莱士提出的天择说证据不如达尔文详细，因此后人多半将进化论归功于达尔文。（图片提供/达志影像）

位于南美厄瓜多尔外海的科隆群岛，启发了达尔文的进化论，至今仍被誉为“活的生物进化博物馆”。（图片提供/达志影像）

（母鸭带小鸭。摄影/巫红霏）

单元3

孟德尔与遗传学

俗语说："龙生龙，凤生凤，老鼠生的儿子会打洞。"生物的亲子之间，往往十分相像，这就是"遗传"的奥秘。

孟德尔的豌豆实验

"遗传学"所探讨的主题，就是生物的特征如何传递到下一代。首先解答这个秘密的是19世纪的奥地利神父孟德尔，他从实验中发现某些特征的遗传有简单的规律可循。

孟德尔在修道院的院子里，进行了8年的豌豆杂交实验。他运用豌豆两两成对且容易区分的特征来做实验，如紫花对白花、高茎对矮茎、圆皮对皱皮、绿色种皮对黄色种皮等，以人工授粉的方式让两种特征的豌豆杂交，产生的种子称为第一子代，再让第一子代的豌豆自花授粉，产生第二子代。他发现紫花与白花杂交的第一子代全都是紫花，第二子代白花与紫花的比例则是1:3。

豌豆的种子，黄色种皮和绿色种皮是相对应的特征，圆皮和皱皮是另一对特征。（图片提供/达志影像）

紫花为显性基因，白花为隐性基因，第一子代全是紫花，第二子代出现1/4的白花。

亲代 RR × rr

第一子代 Rr 自花授粉

第二子代

♀ \ ♂	花粉 R	花粉 r
胚珠 R	RR	Rr
胚珠 r	Rr	rr

黄皮 绿皮

圆皮 皱皮

绿色豆荚 黄色豆荚

豆荚膨大

豆荚皱缩

孟德尔在修道院的后院进行豌豆杂交实验，他选出7组相对应的特征，再统计推导出孟德尔遗传学定律。（插画/江正一）

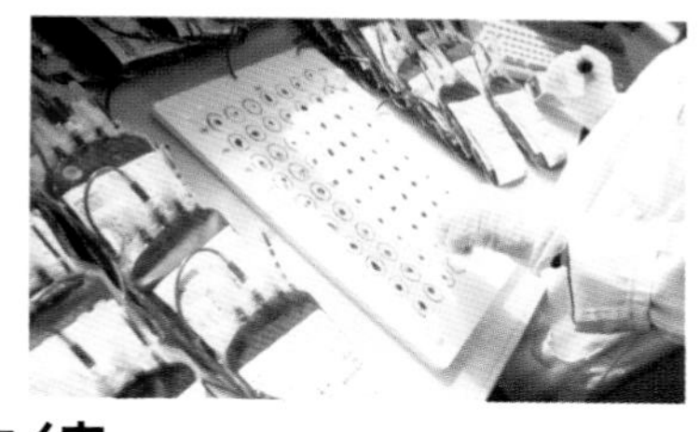
决定一个特征的基因不见得只有两种，如决定人类血型的基因有3种，其中A、B是显性基因，O则是隐性基因。（图片提供/达志影像）

孟德尔遗传定律

孟德尔对他的实验结果给出了巧妙的解释：每一株豌豆都有两个决定花色的因子，分别遗传自上一代的双亲；这些遗传因子，被后来的科学家称作“基因”。孟德尔提出决定花色的基因有两种，一种使豌豆开出紫花，一种则使豌豆开出白花。

当一株豌豆的两个花色基因都是紫花基因时，就会开紫花；两个花色基因都是白花基因时，就会开白花；而当一株豌豆有一个紫花基因和一个白花基因时，紫花基因的表现性比较强，称作“显性基因”，至于称作“隐性基因”的白花基因这时不会表现出来，因此这株豌豆开出的花是紫色的。这样的遗传规则，被称作“孟德尔定律”，而孟德尔也因此被后世尊称为“遗传学之父”。

金鱼草的花色基因有红和白两种，当植物各带一个红花和白花基因时，会开出粉红色的花，称为半显性基因。（图片提供/达志影像）

遗传特征的观察

你的哪些特征像爸爸？哪些像妈妈？你的兄弟姐妹和你像不像？试着把它们记录在下面的表格中。除了外观的特征外，连表情也是会遗传的！科学家找来先天失明的盲人和他们的亲属做实验，发现咬嘴唇、吐舌头、竖眉毛之类的表情，都是家族性的呢！

伸出手来，看看你的拇指可不可以向手背弯曲，可弯曲的是隐性，不可弯曲的是显性。（摄影/张君豪）

特征	我	爸爸	妈妈	兄弟姐妹
血型				
头发是直的还是卷的?				
有没有美人尖?				
双眼皮还是单眼皮?				
舌头可以由两侧向中间卷吗?				
耳垂是紧贴脸颊的还是分开?				

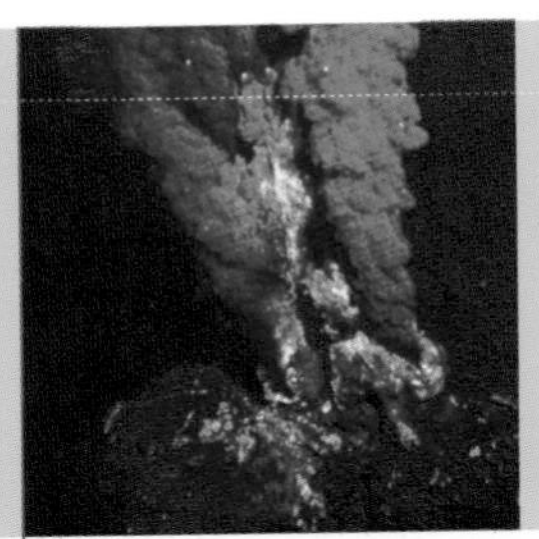

（深海热泉。图片提供/维基百科）

单元4

生命的起源

“鸡生蛋，蛋生鸡”，今日的世界里，我们看到的生物都是由上一代产生的。但是，第一个生命是怎么来的呢？

有机分子的产生

地球在46亿年前形成的时候，是一颗没有生命的星球，陨石撞击频繁、高温、缺氧、紫外线强烈，完全不适合生物生存。那么，地球上最早的生命是如何出现的？

米勒在实验室中合成氨基酸，证实在原始地球的环境中，无机物可以自行合成生命基本要素中的有机物。（图片提供/达志影像）

1952年，美国的米勒做了一个重要的实验，他在玻璃容器里注入氨、甲烷、氢及水蒸气，模拟原始大气的成分，并以电击模拟闪电，成功制造出氨基酸，这是构成蛋白质的基本要素，也是形成生命的要素之一。

这个实验让科学家们相信，生命有可能在原始的地球环境中自行产生，不需要创造者，也不需要来自神秘的外太空。此后有许多科学家进行类似的实

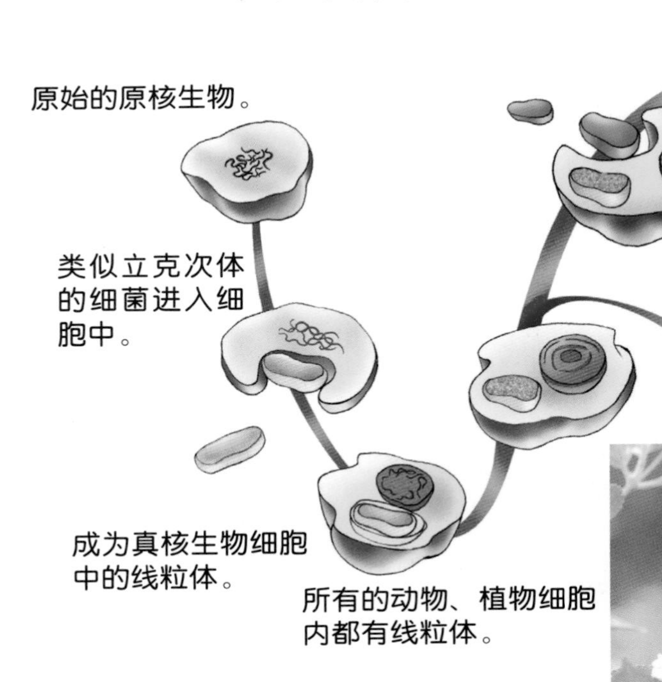

有关真核生物细胞器的起源，大多数科学家接受的理论是内共生学说。（插画/陈志伟）

验，合成许多生命必备的有机分子。这一连串的实验也指出，深海的热泉是生命起源最可能的地点。

早期的生命形式

科学家推测，原始海洋中有各种有机分子，但它们如何结合成活生生的细胞，仍然是一个待解的谜题。目前已知最古老的生命是35亿年前的细菌化石，而生命的起源约在38亿年前。

这些原始生物只有单一的细胞，细胞较小而且没有细胞核，称作“原核生物”；原核生物至今仍是地球上数量最多、分布最广的一群，种类十分多样化，包括细菌、古生菌和蓝绿藻。后来数种原核生物经由“内共生”过程，变得密不可分，结合成有细胞核和各种细胞器的细胞，称为“真核细胞”。由真核细胞构成的生物称为真核生物，所有的动物、植物、真菌和原生生物都属于真核生物。

右图：1999年，丹麦科学家在37亿年前的岩石中发现原始细菌释放出的气体，因此估计最早的生命可能出现在38亿年前。（图片提供/达志影像）

左图：1970年发现深海热泉生态系统，这里栖息着耐高温、低氧的生物，最早的生命可能就是在类似的环境中孕育。（图片提供/达志影像）

真核细胞的进化

在真核生物的细胞里，一些具有特殊功能的构造，被称作“细胞器”，其中最重要的是产生能量的“线粒体”和进行光合作用的“叶绿体”。这两个细胞器具有一些奇特的性质，例如它们有自己的DNA，而这些DNA的分子是环形的，和细菌的DNA类似；而且它们会自己复制分裂，分裂的方式也近似细菌；此外，它们的大小和内膜成分，比较接近原核细胞。各种证据让科学家相信，线粒体与叶绿体原是独立生活的细菌，后来进入真核细胞生物的祖先体内，宿主细胞供应养料与稳定的环境，线粒体和叶绿体则负责能量代谢与光合作用，形成相互依赖的共生关系，因而进化出复杂的真核细胞。因此在我们的每个细胞里，可以说都留着远古细菌的遗迹呢！

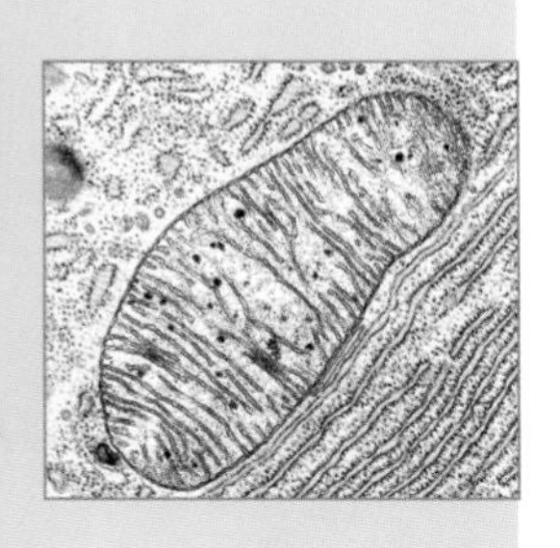

真核生物的线粒体与细菌有许多相似之处，如具有类似的DNA，大小也相当。（图片提供/达志影像）

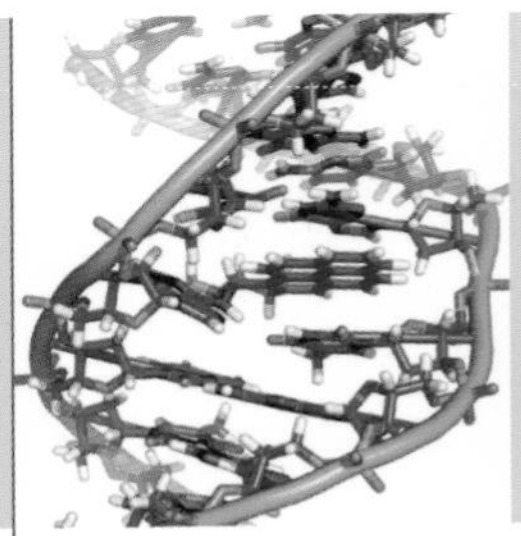

单元5

DNA、基因与染色体

（DNA结构。图片提供/维基百科，绘制/Michael Strock）

孟德尔提出的遗传因子到底是由什么构成的？基因又是如何控制生物特征的？遗传学家和分子生物学家用了整个20世纪来解谜。

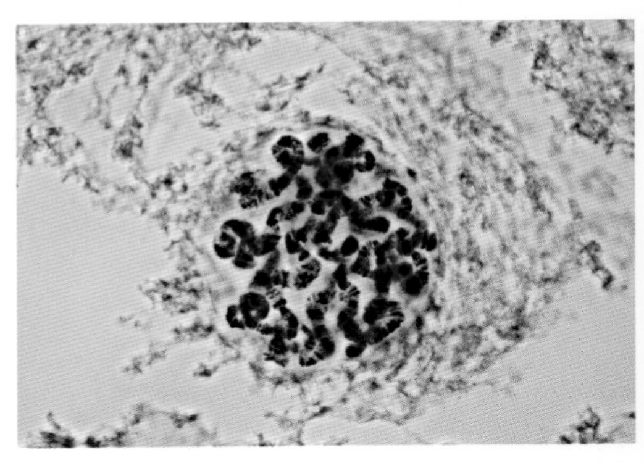

果蝇唾腺细胞中有巨大染色体，很适合观察，而且果蝇容易培养、繁殖快，是遗传学研究的重要材料。（图片提供/达志影像）

记载遗传信息的物质——DNA

在真核生物的细胞核中，有一种叫做“脱氧核糖核酸”（DNA）的化学物质，是储存遗传信息的关键。DNA是细长的链状聚合物，平常松散地分布在细胞核内，只有在细胞即将进行分裂的时候，才会凝聚形成可以用光学显微镜看到的棒状构造，称为“染色体”，而DNA分子中具有遗传效应的特定片段，称为“基因”。

一条染色体通常由一条DNA长链构成，而每条DNA长链包含许多个基因，就像一篇文章由一个个句子组合而成。以人类

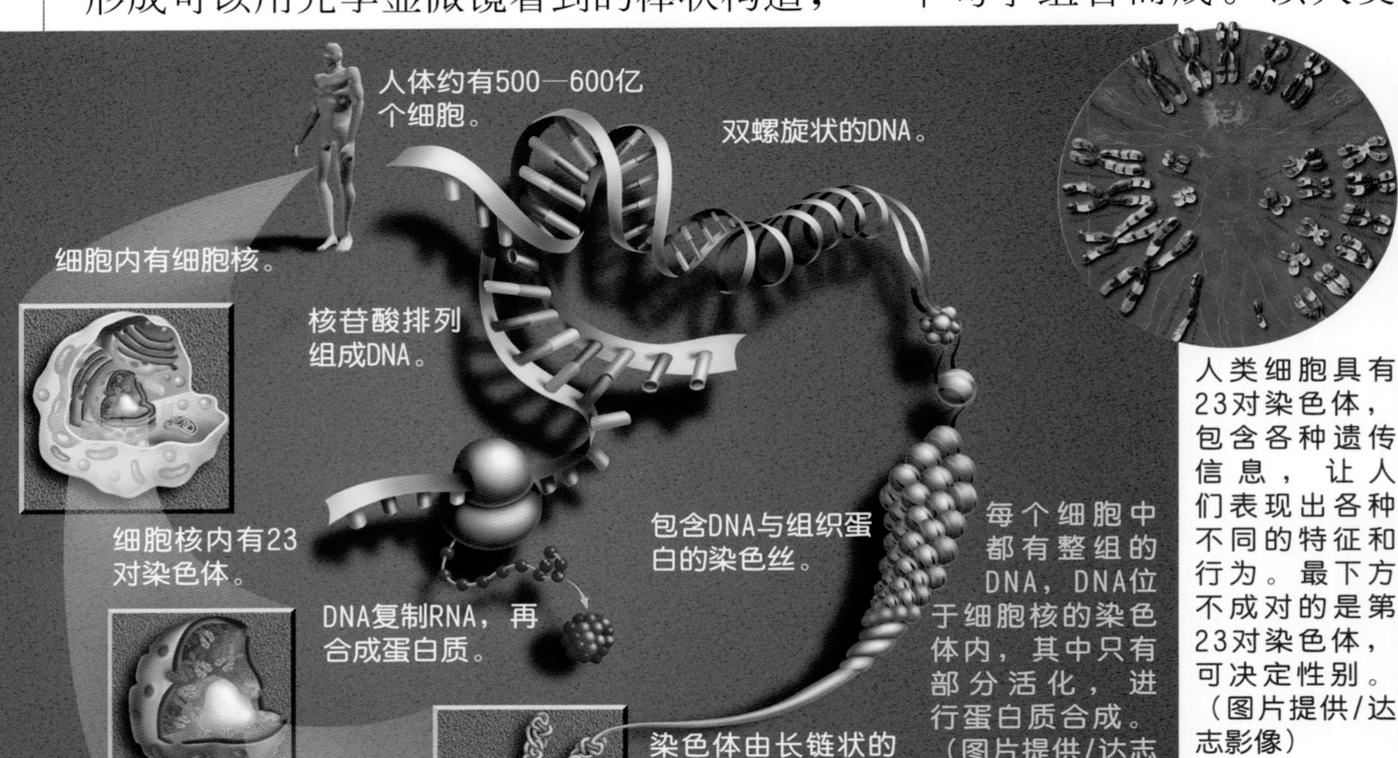

每个细胞中都有整组的DNA，DNA位于细胞核的染色体内，其中只有部分活化，进行蛋白质合成。（图片提供/达志影像）

人类细胞具有23对染色体，包含各种遗传信息，让人们表现出各种不同的特征和行为。最下方不成对的是第23对染色体，可决定性别。（图片提供/达志影像）

为例，我们身上的每个细胞核内都有23对（46条）染色体，一共包含了大约3万个基因。

DNA的构造与功能

4种不同的“核苷酸”是构成DNA的基本单元，分别携带了A（腺嘌呤）、T（胸腺嘧啶）、C（胞嘧啶）、G（鸟嘌呤）的碱基。1953年，英国卡文迪许实验室的华生与克里克发现了DNA的结构是由这些核苷酸接成的长长链子，而两条互补的链子以A配T、C配G的方式紧密结合并相互缠绕，形成著名的DNA“双螺旋结构”。

这些核苷酸的排列序列被称作“遗传密码”，一条DNA可以包括上百万个核苷酸，其中一大部分对科学家来说仍然是个谜；而其他片段构成了基因，一个基因通常包含数百或数千个核苷酸，这些核苷酸通过复杂的生化反应决定蛋白质的合成，而蛋白质又进一步控制生物体的机能与特征。

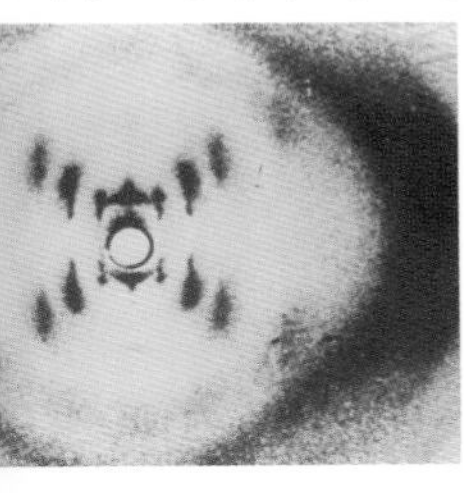

1952年，英国的富兰克林以X光绕射拍摄的DNA结构，此照片是华生与克里克发现DNA结构的重要线索。（图片提供/达志影像）

1953年，华生与克里克提出DNA的精确模型，这个简单有规律的模型，让科学家得以了解遗传信息储存的方式。（图片提供/达志影像）

如何证明DNA是遗传物质

肺炎双球菌是导致肺炎的祸首，其中2R型的肺炎双球菌会被感染者体内的免疫系统消灭，不会致病，而3S型的肺炎双球菌表面披着一层保护膜，能让它躲过免疫系统，使感染者得肺炎。1928年英国的格里菲斯发现，将加热杀死的3S型菌和活的2R型菌一起注入白鼠体内，2R型菌居然开始合成保护膜，转变成3S型菌，让白鼠生病。这改变了当时普遍认为蛋白质是遗传物质的想法，因为不耐热的蛋白质一加热就变质了。1944年美国的艾弗里进一步将死的3S型菌中的各种成分分离出来，分别和2R型菌混合培养，最后证明2R型菌摄取了3S型菌的DNA，因此获得了合成保护膜的能力。

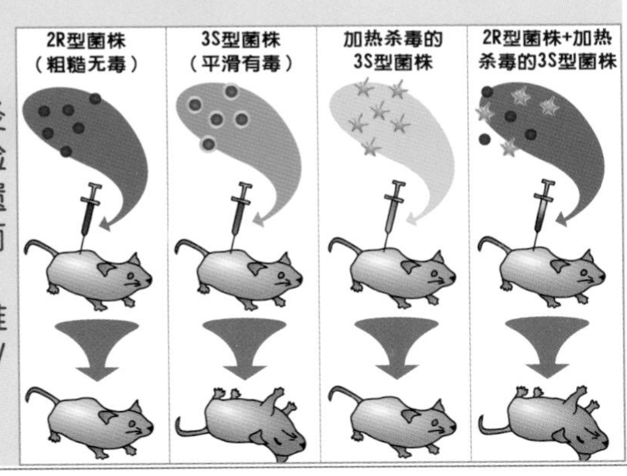

格里菲斯在肺炎双球菌的实验中，意外发现遗传物质是DNA而不是蛋白质。（图片提供/维基百科，绘制/Madprime）

有性生殖与减数分裂

（雌雄同体的蜗牛交配。图片提供/维基百科）

决定我们特征的DNA是怎么从爸爸和妈妈身上传递过来的？为什么我们和兄弟姊妹有点像又不完全一样？

有性生殖

许多生物都有雌雄两种性别。在我们熟悉的大多数动物身上，每个个体通常只拥有一种性别，如小狗有公母之分。不过雌雄两性也可以是同一个体上的不同构造，如许多植物的花可能同时具有雄蕊和雌蕊，蜗牛、蚯蚓等则是雌雄同体的动物。

在生物准备繁殖的时候，雌雄两性会各自产生生殖细胞，称为“配子”，雄性的配子叫做“精子”，雌性的配子叫做“卵子”。当动物交配，或是昆虫帮花朵授粉时，两性的配子就有机会“受精”。受精之后的受精卵，又称为“合子”，会逐渐发育成新的个体，这种生殖模式就是“有性生殖”。

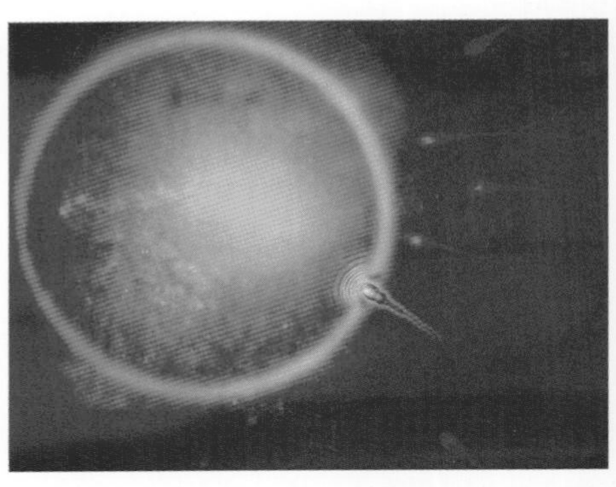

卵子与精子结合成受精卵后，新个体的染色体分别来自双亲。（图片提供/达志影像）

减数分裂

生物体细胞里的染色体通常两两成对。在制造配子前，将要形成配子的细胞会先进行DNA复制，使DNA的数量成为两倍；接着，这个细胞会连续分裂两次，先是原本成对的染色体被

从混血儿身上可以明显看到，两名子女分别从父母身上获得了不同的基因，有些地方像父亲，有些地方像母亲。（图片提供/达志影像）

分开，然后复制的染色体也分开，成为4个配子，每个配子的染色体只有原来细胞的一半。这个染色体减半的分裂过程，称为“减数分裂”。

配子受精时，来自精子与卵子的染色体又会重新配对成双，因此新个体中的染色体，有一半来自父亲，一半来自母亲。至于上述染色体如何被分配到4个配子中？哪个配子有机会受精？这些过程有点像洗牌或是抽签，几率占了主要成分。

冬青是雌雄异株的植物，雄株的花只产生花粉，雌株的花只产生胚珠。开花、授粉、结籽是植物的有性生殖。（图片提供/维基百科）

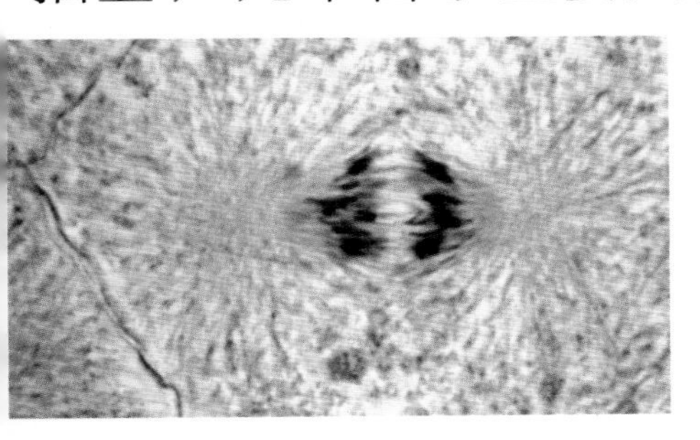

细胞分裂前，染色体会排列在细胞核中央，纺锤丝再将染色体拉向两侧，使两个细胞平均得到一套染色体。（图片提供/达志影像）

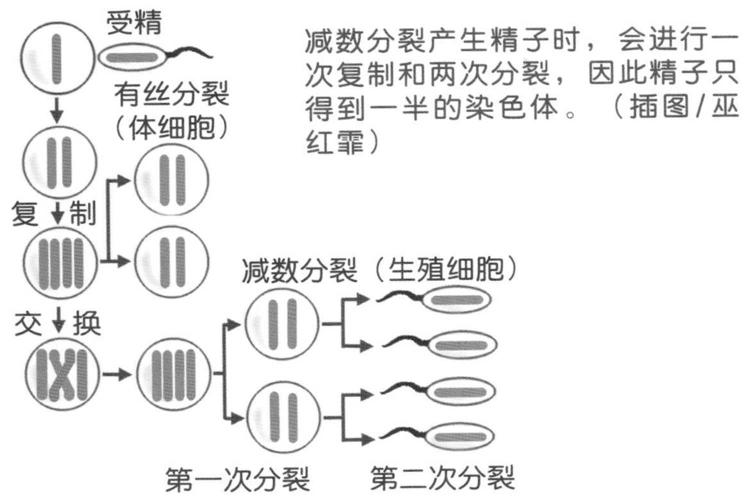

减数分裂产生精子时，会进行一次复制和两次分裂，因此精子只得到一半的染色体。（插图/巫红霏）

与性别有关的遗传

科学家将人类的23对染色体依序编号，其中编号第23的是决定性别的“性染色体”。女性的两条性染色体外形相同，用“XX”代表，男性则是一条X染色体配上一条较短的Y染色体。如果一个基因位于这第23对染色体上，它的遗传就会和性别有关，这种遗传模式称作“伴性遗传”。例如血友病是一种伴性遗传的疾病，患者血液中缺乏凝血因子，一旦受伤就容易血流不止，而制造凝血因子的基因就位于X染色体上，因此男性如果唯一的X染色体有问题基因，就会得血友病；而女性只有在两个X染色体都有问题基因时，才会发病。

控制猫毛颜色的基因位于性染色体上，雄猫只带有一个遗传因子，因此不会像雌猫同时出现3种毛色。（摄影/巫红霏）

单元7

变异的产生

（果蝇的各种变异。图片提供/维基百科）

就像每个人都长得不太一样，每一种生物的族群也是由许多不同的个体组成的，这些变异正是进化的基础。

变异的根源——突变

有性生殖能够使个体出现各式各样的基因组合，让一个族群中的个体具有不同的特征。但是，有性生殖只是重新洗牌而已，至于不同基因版本的起源，以及未来新材料的产生，主要还是源于“突变”。

DNA是长链状的双螺旋结构，复制时双螺旋解开。在复制过程中，若有接错位置、重复复制、遗漏等情况，就可能造成突变。（图片提供/达志影像）

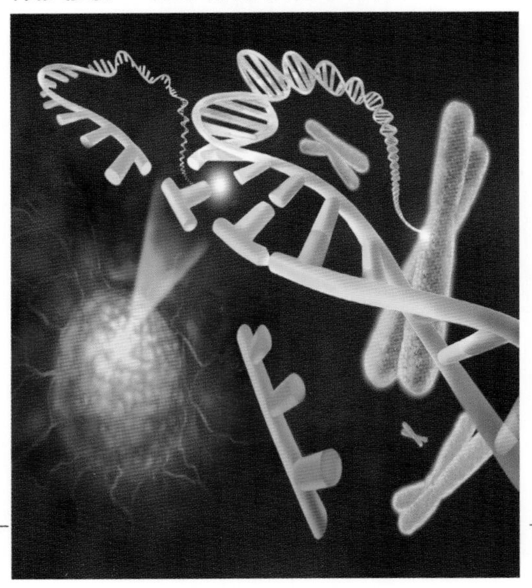

突变发生的原因通常是DNA复制过程出现错误。例如一个原本该接上A型核苷酸的位置误接成了C，或是DNA长链中的某处遗漏或增添了一个核苷酸。一个核苷酸在一次复制中发生错误的几率平均只有亿分之一，不过突变几率随生物种类与基因种类有所不同，差异可达数千倍。此外，一些外在环境的刺激，比如紫外线、离子化辐射和某些化学物质等，可能会干扰DNA复制的程序，提高突变几率。

突变的类型

提到基因突变，常常让人联想到畸形或疾病，事实上，大部分的基因突变都是中性的，这是因为DNA序列中有许多片段并没有作用，再加上有些不同的核苷酸密码会制造出相同的蛋白质，因

三叶草因突变产生四叶的植株，由于出现几率小，被称为幸运草。（图片提供/达志影像）

辐射可能引起基因突变。原子弹在日本爆炸后，造成许多人基因突变，甚至生出畸形儿。（图片提供/达志影像）

此这些突变对生物个体没有任何影响。此外，如果突变发生在体细胞（除生殖细胞以外的细胞）便不会遗传，也不会影响族群的基因变异；突变只有发生在生殖细胞才可能遗传到下一代。如果这个突变能够表现出来，并形成对下一代个体有益的特征，这个基因就会在天择的过程中保存下来；反之，如果突变后的基因对个体是有害的，就可能在天择的过程中被淘汰。有时候，突变产生的是隐性基因，这种基因的作用要经过好几代的传递才会显现出来。

白子是常见的突变，通常造成细胞无法合成黑色素。由于白子不利于在自然环境中隐藏，多半在生存竞争中被淘汰。（图片提供/维基百科，摄影/LRBurdak）

镰刀形红细胞贫血症与疟疾

人类11号染色体上具有掌管血红蛋白合成的基因，若其中某个A型核苷酸突变成了T型核苷酸，就会合成不正常的血红蛋白，让红细胞容易变成镰刀形，从而失去运送氧的功能，但同时，这个突变也让人对疟疾产生免疫力。两个11号染色体都带有突变基因的人，会得“镰刀形红细胞贫血症”，因此在没有疟疾的地区，这个基因逐渐被淘汰；但是在疟疾普遍的非洲、中东和印度，带有一个正常基因与一个突变基因的人最好运，因为他们虽然有部分镰刀形红细胞，但不会导致贫血，同时又能免于疟疾，所以这个基因仍广泛存在于这些地区，镰刀形红细胞贫血症也较常见。

显微镜下的镰刀形红细胞和正常红细胞。镰刀形红细胞携带氧的能力弱，因此产生贫血症状。（图片提供/达志影像）

单元8

天择

（鸟类竞争食物和繁殖机会。摄影/巫红霏）

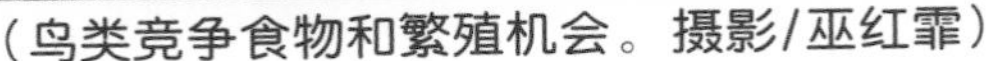

在自然界中，同一个物种具有许多不同的变异，在环境的筛选下，每个变异的生存和繁衍机会有所不同。

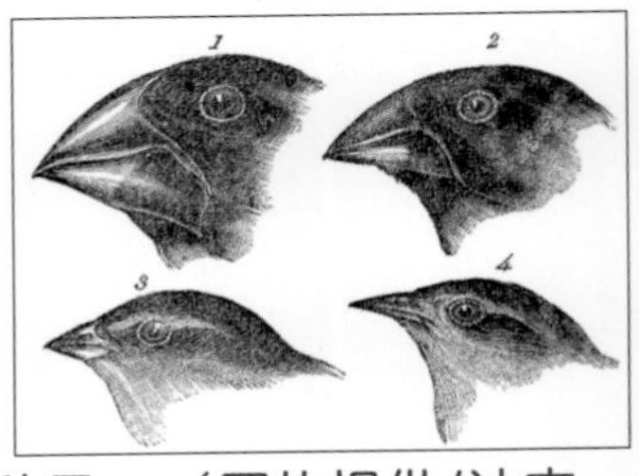

科隆群岛的雀科鸟类，因食物不同进化出不同的喙。上排鸟喙较大的两种雀，主食都是坚硬的种子。（图片提供/达志影像）

物竞天择，适者生存

在自然环境中的生物，无时无刻不面临生存的挑战，例如熬过严寒的冬天、逃避天敌的追捕、找到足够的食物等等。由于一个族群中的个体有各式各样的变异，有些可能毛皮较厚、跑得较快，或是嗅觉更加敏锐，这些个体就有较大的机会通过环境的考验而生存下来，并将它的基因传给下一代，这个过程就是“天择”。

例如在20世纪70年代，科隆群岛发生长期的干旱，造成植物种子产量锐减，以种子为食的科隆中地雀因而大量死亡。这时鸟喙较大的科隆中地雀，由于可以咬碎较大、较硬的种子，因此存活的几率比鸟喙小的中地雀高出许多。

左图：从外表就可看到贝类的不同变异，各种变异在环境中若有不同的适应力，才会继续发生进化。（图片提供/维基百科）

右图：当环境改变时，会造成天择方向的改变。英国工业革命后，因为环境污染，使得图中体色较深的蛾不易被天敌发现，而存活率上升；当环境改善后，浅色蛾数量才又增加。（图片提供/达志影像）

天择与进化

一个生物族群中，遗传特征在不同世代间发生变化，就是“进化”。在科隆中地雀的例子里，由于干旱期间鸟喙大的中地雀比较容易生存并繁殖，因此下一代中鸟喙大的中地雀比例就会增加。由此可看出，天择是自然界中推动进化的动力。

由于天择总是保留适应力较强的个体，有利的基因也因而遗传下来。一般而言，天择的结果

会让族群一代比一代更适应环境。然而，天择的方向并不是一成不变的，当环境条件改变时，例如气候变化、栖息地改变、出现新的天敌或食物等，各个特征的利弊可能因而改变，族群也可能朝不同的方向进化。

由于动物生殖的数量超过环境资源的负荷，因此动物出生后就要面临各种生存竞争。图中新生的野猪若无法找到乳头吸奶，便无法存活，身上的基因也就不能传给下一代。（图片提供/达志影像）

天择的筛选力量除了自然环境，还有同种或其他生物，例如雌性选择配偶，可能让图中雄性猕猴出现某些特征。（摄影/巫红霏）

性择

雌性动物的择偶条件也会推动雄性动物的进化，这一类型的天择就叫作“性择”。性择作用的方式，有时是通过同性间的竞争，例如雄鹿间的打斗，由于打赢的雄鹿能够得到较多雌鹿的青睐，下一代鹿角强壮的基因比例就会增加。性择也可能是雌性直接对雄性的某项特征进行挑选，例如雌孔雀鱼喜欢色彩鲜艳的雄鱼，而推动雄鱼色彩的进化。此外，像天堂鸟绚丽的羽毛、雄狮威武的鬃毛、夜莺动人的歌声等等，动物界中许多令人赞叹的现象都是性择的产物。

为了争取较多的交配机会，雄性牛科动物进化出用于打斗的角。

单元9

人择

（白兔是人择的结果。摄影/巫红霏）

早在科学家发现遗传与进化的机制前，人们就已经广泛地运用这些原则，让生物具有人类喜爱的特性。

玉米是古墨西哥人从野草筛选培育而来。图为现在墨西哥野外可见的野生玉米，穗较现今的玉米瘦小得多。（图片提供/达志影像）

什么是人择

在农业、畜牧业或宠物的培育上，人类会为了本身的需求或是喜好而对不同的基因变异进行筛选，这就是“人择”。例如墨西哥中部有一种禾本科的野草，因为种子可以食用，7,000年前开始被人类栽种。由于人们总是留下果穗最丰硕的个体作为下次播种的种子，因此果穗丰硕的基因就在人工栽培的族群中保留下来，任何能让果穗更丰硕的突变基因也被累积，经过数千年的人择，原本果穗长度只有4厘米的野草，就成了今日的玉米。达尔文构思进化论时，也深受农牧业育种过程的启发。

灰狼经由人类1万多年的育种之后，产生超过150个狗的品种。（图片提供/达志影像）

人择与我们的生活

现在我们日常生活所使用的各项生物资

源，绝大部分都是人择的产物。如果不是几千年来人类不断挑选产量高、适应力强的作物，粮食的产量绝对不足以支持人口的增长以及文明的进步。人择促使动植物产生了数量惊人的品种，例如菜市场常见的菜花、西兰花、芥蓝、紫甘蓝、卷心菜等，其实全部是同一农作物，在世界不同的地区因不同的偏好而被培育出来。

人类最好的朋友——狗，是源于1万多年前人类为了狩猎所驯养的灰狼。经过长期刻意的育种，现在的狗已经有超过150个长相、性格、用途各异的品种，有的外形小巧可爱，可作为居家的宠物，有的则可成为专业的工作犬，如猎犬、牧羊犬、雪橇犬或导盲犬等。

这4种蔬菜都是甘蓝菜，因为各地人们的口味不同，而培育出不同的品种。其中大白菜与卷心菜取食叶子，而菜花和西兰花则取食花序。

纯种宠物的迷思

很多人认为自己的宠物有一张“血统证明书”，似乎就能证明它出身高贵。其实，所有的猫或狗都是同一个“种”，比如“哈士奇”、“拉布拉多”这些听起来很炫的名字只是某一个“品种”，它们是长久以来人们不断选择特定特征加以培育的结果。由于长期的近亲交配，这些“纯种”动物的基因变异都很有限，常出现遗传疾病，例如70%的罗威纳犬有关节问题，大麦町狗则常耳聋等。此外，许多“纯种”动物最早是为了特定的需求而培育的，例如伯恩山犬有一身适应瑞士山区的长毛，在湿热的地区却容易得皮肤病；黄金猎犬是被培养用来打猎的狗，天性好动，如养在公寓里会很不快活。因此，如果养小动物是为了当同伴，适应力强的“杂种”才是最适合的选择！

可爱的纯种布偶猫出现肾脏病的几率很高，而蓝眼的猫则可能有耳聋的毛病。（图片提供/达志影像）

除了功能之外，人择常挑选出人类喜欢的特征，如白色的毛皮，但这些特征并不适应自然环境。

单元10

新物种的形成

（鸟类的求偶行为。图片提供/维基百科，摄影/Barfbagger）

天择的机制说明了一种生物可以渐渐发生变化。但是，物种的数量为什么会变多？一种生物是如何演变成两种生物？

生殖隔离与种化

“物种”常用的定义是指一群个体，它们在自然环境中可以交配繁殖，产生有生殖力的后代。因此，当某些个体的基因产生变化，使得它们自成一群，不能再和原来族群中的其他个体交配，产生正常的子代，即发生了“生殖隔离”，这时就形成了新种，这个过程称作“物种形成”。导致生殖隔离不一定需要很大的基因差异，不论是求偶仪式、地点和时间的变化，或是生殖器官形状的差异等，都会影响生物是否能交配繁殖。

宽吻海豚广泛分布在全球大洋中，没有地理隔离，但因栖息地和生殖习性不同，又分为太平洋宽吻海豚和东方宽吻海豚等。

因地理隔离使个体间产生生殖隔离，是最主要的种化机制。（插画/张启璀）

种化的机制

地理隔绝常常是种化的起因，例如山脉形成、河流改道，或是偶然的飓风将一些个体刮到孤立的小岛等，都可能使同一个物种被分隔成两个难以交流的族群。两个族群在不同的环境下，分别受到天择作用各自进化，经过许多代后，差异可能愈来愈大，到后来，即使两个族群再度相遇，也不会彼此交配繁殖，于是成为不同的物种。

族群中的某些个体在原来的环境中开始使用新的资源，也可能使它们减少和原来族群的交流。例如一群昆虫中某些个体适应了新的食草，而它们又习惯在食草上寻找配偶，那么这些个体就可能独立进化，形成新种。另外，有些植物会因为突变产生染色体数目加倍的下一代，这就是一个新种，例如野生的草莓属中有50多个种，染色体数目从二倍体、四倍体、六倍体到八倍体都有。

二倍体的单粒小麦（左）和四倍体的二粒小麦（右）是现代各品种小麦的原种。（图片提供/维基百科，摄影/Thomas Springer）

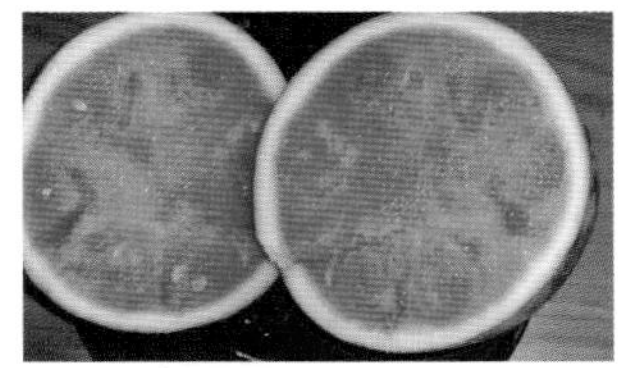

无籽西瓜是由二倍体和四倍体杂交而成的三倍体，由于没有繁殖力，不能算是新种。（图片提供/维基百科，摄影/SCEhardt）

八倍体草莓是现代农业栽培的主要品种。（图片提供/维基百科，摄影/Formulax）

果蝇的生殖隔离实验

你曾在厨房里见过一种不到0.5厘米长的小苍蝇吗？这就是遗传与进化研究上的大功臣——果蝇。它们体形小、容易饲养，只要两周就可以长大繁殖，而且母蝇一天能产下800粒以上的卵，再加上只有简单的4对染色体，是理想的实验对象。

1989年，美国的黛德用果蝇做实验，证明不同的生活环境可以导致生殖隔离。她将原本同一个族群的果蝇分成两组，饲养在不同的培养箱里，模拟地理隔绝，其中一组果蝇只给麦芽糖当食物，另一组果蝇则只喂食淀粉。经过8代以后，当两群果蝇再度被放入同一个培养箱时，吃麦芽糖长大的果蝇只找吃麦芽糖长大的果蝇当配偶，而吃淀粉长大的果蝇也只和吃淀粉长大的果蝇交配。不到半年时间，生殖隔离就发生了！

科学家将果蝇饲养在不同的环境中，经过8代就出现了生殖隔离。（图片提供/达志影像）

单元11

趋同进化与共同进化

（布袋莲和其他浮水植物一样具有可漂浮在水面上的叶。摄影/巫红霏）

生物与生物、生物与环境的关系十分复杂，有些不同的生物会进化出类似的构造，有些生物与其他生物的进化则有互动的现象。

为了适应海洋环境，分属于哺乳类的海豚（上）和鱼类的旗鱼（下，图片提供/维基百科），都进化出类似的流线外形。

趋同进化

在自然环境十分相像、或是有相似资源可供利用的地方，即使分类学上亲缘关系很远的生物，也可能因为天择条件的相似而发展出相似的特征，这便是“趋同进化”。同样生长在沙漠中的仙人掌科和大戟科植物，必须适应相同炎热干燥的气候，因此都进化出膨大、可以贮藏水分的茎，以及针状、可以减少水分蒸散的叶。

在趋同进化中，原本不同的构造会进化出功能相同的“同功器官”，例如与人类同属哺乳类的海豚，为了适应海洋生活，进化出与鱼类相似的外形。海豚由前肢进化而成的胸鳍，与鱼的胸鳍相似，尾部则进化出尾鳍，虽然与鱼鳍的形态、

沙漠中的大戟科植物（右，图片提供/达志影像），具有粗大可储水的茎，且叶片退化，以减少水分散失，这些构造和仙人掌科（下，摄影/张君豪）植物相似。

功能相近，但进化来源却不同。

共同进化

如果不同物种之间有着密切的交互作用，那么其中一种生物的改变，就会经由天择影响另一方的特征，这种长期而共同进行的变化称为“共同进化”。在自然界中，许多植物能合成有毒的化学物质，避免被植食动物取食，而经由进化的过程，植食动物能产生分解有毒物质的酶。被攻破防线的植物会进化出新的有毒物质，但一段时间后，植食动物又会跟进，进化出新的酶。这样一来一往的攻防，就是“进化上的军备竞赛”。

共同进化也可以让两种生物愈来愈配合无间，彼此互利。许多植物的花进化出特别的形状，它们的传粉者也进化出适合的口器，直到发展出一对一的对应关系，这样，植物的花粉就不会传错对象，而传粉者也能享有专属的食物。当共同进化到了顶点，两个物种互相依存，甚至其中一个物种消失后，另一个物种也无法继续生存。

桉树的叶子有毒，无尾熊肠道内则有可消化树叶的共生菌。植物和草食动物的军备竞赛，让动物的食性越来越专一。（摄影/巫红霏）

织巢鸟与杜鹃鸟的军备竞赛

杜鹃鸟有恶名昭彰的“托卵寄生”习性，就是把蛋下在别种鸟的巢里，让它们当养父母，而且杜鹃鸟的蛋孵化得特别快，刚孵出的小杜鹃会把鸟巢里其他的蛋推出去。为了对付杜鹃鸟，非洲的织巢鸟进化出一种策略：同一个织巢鸟的族群里，不同母鸟生下的蛋，花色变化很大，一旦被寄生时，织巢鸟可以认出杜鹃的蛋而把它丢掉；而杜鹃为了应对，也进化出对应的花色，双方一来一往，鸟蛋的花色也愈来愈丰富。200年前，有一群织巢鸟被引入一个没有杜鹃鸟的小岛，由于没有被寄生的天择压力，这个族群鸟蛋的花色变化减少，母鸟分辨蛋的能力也降低了。

杜鹃鸟将蛋产在寄主的巢中，若鸟蛋的花色与寄主的蛋相差太大，就可能被推出巢外。（图片提供/达志影像）

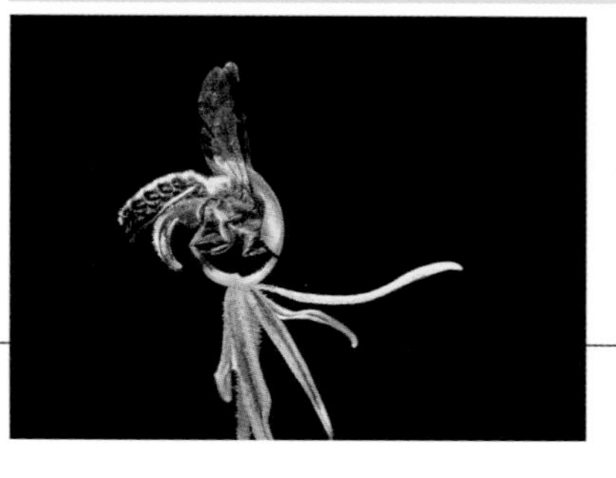

蜜蜂与植物的共同进化，让授粉更有效率，双方互利。（图片提供/达志影像）

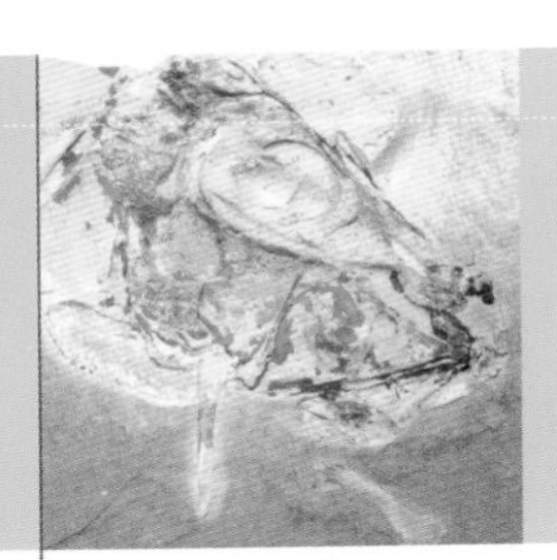

化石的记录

（鱼类化石）

进化的过程极为漫长，科学家没有办法回溯，还好有化石捕捉了远古生物的身影，让人们了解生物演变的过程。

建构生物的族谱

古生物化石不仅证明了古今物种的不同，也可以让人了解生物的进化。不过，由于只有极少数的生物有机会成为化石，而且化石又可能在各种地质作用中被破坏，幸存的化石也只有极小部分会被人类发现，所以化石留下的生命记录，常常只是一些零星残缺的片段。

在中国发现了许多带有羽毛的恐龙化石，这些鸟龙化石说明了鸟类和恐龙的关系。（图片提供/达志影像）

随着古生物学的发展，许多进化上的失落环节渐渐被补上。例如在达尔文的时代，人类所知最古老的生物化石生存于大约5.4亿年前的寒武纪，而当时的化石种类已经十分多样化，因此达尔文推论一定有更古老、更简单的生命形式，它们是这些寒武纪生物的祖先，只是没有留下化石或是还没有被发现。到现在，我们所知最古老的化石已上推到35亿年前。

失落的环节

鸟是恐龙的后代吗？人类如何从和猿猴共同的老祖宗变成如今的样子？哪种鱼开始登陆变成两栖类？要回答这些问题，就要找到特征居于两者之间的化石证据，也就是“过渡物种”的化石。始祖鸟是最有名的过渡物种之一，这个半鸟半恐龙的化石在《物种起源》出版后两年被发现，震惊了科学界。它像我们熟知的现代鸟类一般，有翅膀和羽毛，骨头也特别轻，脚爪是适合攀栖的三前一后；但是它同时又有牙齿，翅膀前端还长着指爪，而且长长的尾巴内有骨头，这些都是爬行类的特征，科学家据此推测鸟类是由恐龙的一支进化而来。

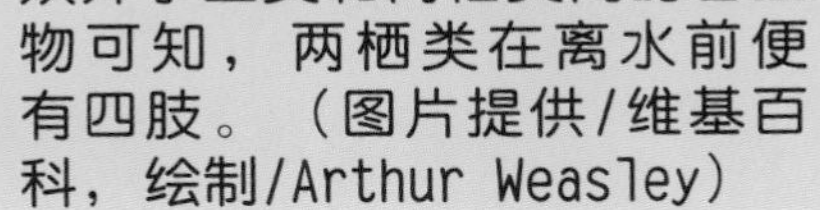

从介于鱼类和两栖类间的古生物可知，两栖类在离水前便有四肢。（图片提供/维基百科，绘制/Arthur Weasley）

从化石看进化过程

化石对研究生物的进化改变，提供了珍贵的记录。根据一连串马的化石，我们知道在5.4亿年前，马的祖先体型只有狐狸大小，前肢有四趾，后肢有三趾；而在进化过程中，它们的体型愈来愈大，四肢愈来愈长，中间的脚趾强化形成蹄，其他脚趾退化，同时门牙和臼齿日益发达。再由同时期的植物化石可知，当时的环境由潮湿的沼泽地逐渐变成干燥的草原。

2007年阿根廷发现体长约32米的巨型恐龙化石，这是目前已知最大的恐龙，从恐龙的头骨可以推断它以植物为主食。（图片提供/达志影像）

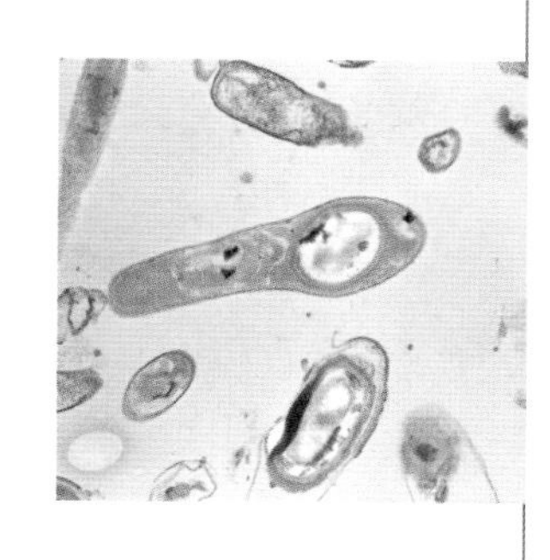

右图是2.5亿年前的细菌，这是已知最古老的现存生物，比较它们与现代细菌DNA的差异，可以推算出细菌进化的速度。（图片提供/达志影像）

科学家推测，由于马的生存环境变得缺乏隐蔽性，使马需要长得高、跑得快，以便及时逃避捕食者，而蹄比掌更适合在干硬的地面奔跑；至于牙齿的变化，则是因食物改变。环境改变造成的天择，推动了马的进化，这些化石记录充分印证了达尔文的理论。

由化石可以发现，马是由多趾进化为单趾，同时体型也是由小到大。（插画/陈竹林）

❶始祖马的体高约40厘米，前肢四趾，由牙齿化石可知以嫩叶为食。

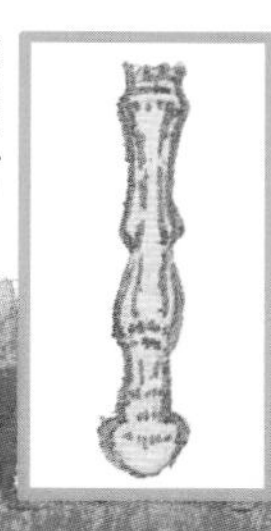

❷中新世时出现了草原古马，四肢都有三趾，但只以一趾着地，以草为主食。

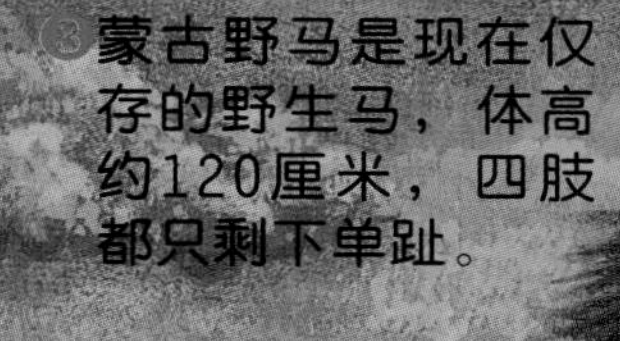

❸蒙古野马是现在仅存的野生马，体高约120厘米，四肢都只剩下单趾。

单元13

同源与重演

（人的四肢与猫狗等陆生动物的四肢都是同源器官）

同源的生物常有基本构造相同、形态功能不同的器官；动物在胚胎时期“重演”祖先的特征。这些现象都是进化的证据。

由左到右为长臂猿、猩猩、黑猩猩、大猩猩和人类，他们的亲缘关系近，骨骼基本构造几乎相同，但树栖的长臂猿前肢长，而直立行走的人类具有较大的骨盆，且后肢比前肢长。（图片提供/达志影像）

本是同根生——同源

不同的生物既然有共同的祖先，那么在亲缘关系比较近，也就是在进化史上分离较晚的生物间，应该可以找到一些相同的基本构造。比较鲸豚、蝙蝠和人类的前肢，虽然外观十分不同，但骨骼结构几乎完全一样，显示这是脊椎动物的共同祖先所具有的特征。不同的脊椎动物为了适应不同的环境，骨骼的形状和大小逐渐改变，进化出爬行、飞翔和抓握等不同功能的器官。这些器官承袭自共同祖先，基本构造相近，称作“同源器官”。亲缘关系愈近的物种，能找到的同源构造也愈多；具有愈多与祖先相同构造的物种，在进化树中愈原始。

翼手目的蝙蝠、鲸豚的鳍肢和灵长目的手是同源器官，虽然外形和功能差异很大，但骨骼基本构造都很相似。（插画/陈志伟）

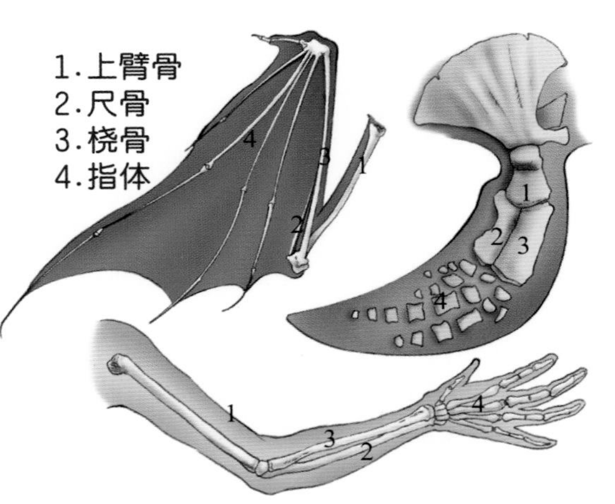

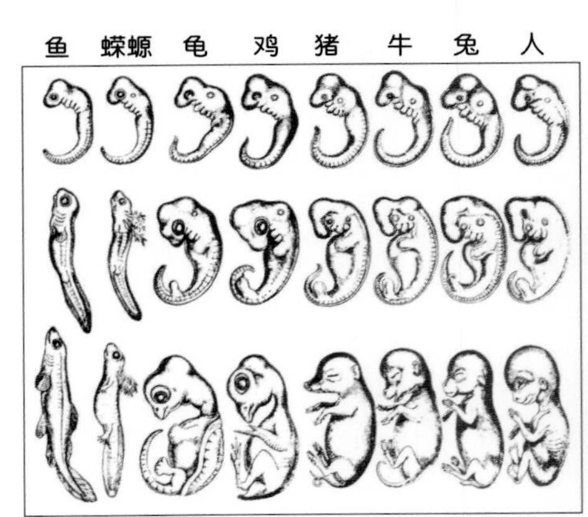

脊椎动物源自同一个祖先，因此胚胎早期发育几乎相同，后期才开始分化。图为海克尔绘制的脊椎动物胚胎。（图片提供/维基百科）

进化的印迹——重演

许多现今的动物在胚胎的发育阶段，会出现它们进化史上老祖宗的特征。例如化石显示，须鲸的祖先是有牙齿的，而今日须鲸的胚胎仍会长出牙齿，但是在诞生前牙齿又消失了。即使没有化石证据，根据蛇早期胚胎有脚，科学家也能推测蛇是由有脚的爬行类进化而来，到现在蟒蛇还留有退化的后肢痕迹。

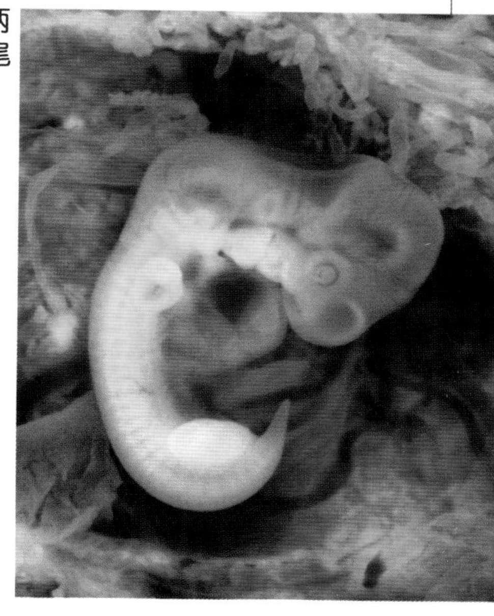
6周时，人类的胚胎身体两侧生出芽苞状的四肢，有尾巴，心脏还没有发育完全。（图片提供/维基百科）

人类初期的胚胎和其他脊椎动物极为相似，在喉部都有鳃裂的构造，这个构造在鱼类与两栖类发育成鳃，在其他脊椎动物则变成喉部组织的一部分。胚胎发育会这样“绕道而行”，是因为进化无法改写胚胎发育的初期阶段，只能在后续的发展中加以修改，将老祖宗原初的构造赋予新角色。

进化树

地球上生命进化的历史有如一棵树的成长，新物种像新的枝丫一样从古老的物种发展出来，而有些物种灭绝了，就像被剪断不再生长的枯枝，这种表现物种亲缘关系的树状图，就叫“进化树”或“亲缘关系树”。进化树中，每个分叉的节点，代表分支物种最接近的共同祖先；每段线段的长度，则和进化的时间有关。例如由维管束植物的进化树，我们可以知道蕨类植物是很古老的分支，而裸子植物和被子植物则大约在2.5亿年前分家。过去科学家只能观察生物的构造，以推测它们的进化关系，如今则能够直接进行基因的比较，画出更精确的进化树。

鲸的身体后端有尚未完全退化的后肢骨，说明鲸是由陆生的四足动物进化而来。经生化和遗传研究，推测鲸的祖先是陆生的有蹄动物。（图片提供/达志影像）

单元14

生物分布与进化

（科隆岛上不会飞的鸟类。图片提供/维基百科，摄影/Christina Lynn Johnson）

经由化石，我们能够从时间轴上观察进化，而现在生物分布的研究，则可以让我们从空间的尺度认识进化。

岛屿生物的特征

达尔文在小猎犬号的旅程中，仔细研究了各个岛屿的生物群，他发现在岛屿上的生物，都和邻近的大陆非常相像，但种类通常比相同面积的大陆少，至于哪些物种会出现在岛屿，这和它们能够越过海洋的能力密切相关。通常会飞翔的动物最为常见，淡水两栖类几乎不见踪迹，距离大陆500千米以上的岛屿则缺乏陆生哺乳动物。

此外，岛屿上的生物往往具有一些在大陆上有功能，但是在岛屿上没有用途的特征，例如

夏威夷是典型的海洋岛屿，鸟类是岛上最常见的生物，由于掠食者较少，海鸥常聚集在海滩上集体繁殖。（图片提供/维基百科）

有些鸟类虽然有翅膀，但是不会飞。岛屿生物还常具有一些只出现在该岛屿的特征，形成独一无二的“特有种”。这些现象都显示岛屿生物的祖先大多来自邻近的大陆，并且在岛屿的新环境中进化出新物种。

大陆漂移

根据达尔文共同始祖和新种形成的理论，亲缘关系相近的物种在地球上出现的区域应该十分接近。分类上自成一群的有袋类大多分布在澳大利亚和新几内亚，但远远相隔的美洲也有少数种类出现，它们是如何横渡太平洋的？

马达加斯加岛是世界第四大岛，在长期与大陆隔离进化下，特有种比例约80%，其中狐猴是最具代表性的物种。（图片提供/达志影像）

这个现象曾令达尔文迷惑不解。直到20世纪初，大陆漂移理论建立后，人们才知道南美洲、澳大利亚和南极曾是连成一片的大陆，有袋目动物在这里发源广布，日后这些大陆板块分离，它们才各自独立进化，形成很多不同的物种。大约300万年前，南美洲接上北美洲，部分有袋类经由巴拿马地峡迁徙到北美洲，而北美洲真兽类的南迁则造成许多南美洲有袋类的灭绝。

魏格纳由各大陆边缘的形状互相吻合，推测所有的大陆原本是合在一起的。（图片提供/维基百科）

动手做鸟喙翻翻书

科隆群岛中，有一群体形很相像、鸟喙却不太一样的雀鸟，这是因为每个岛上的食物不同。一起来做翻翻书，将每种雀鸟、鸟喙和适合吃的食物对应起来。材料：23.5cm×11cm长形纸片4张、胶水、双面胶、直尺、转印笔、资料列印稿。（制作/杨雅婷）

1. 在每张纸片的一边粘上双面胶。
2. 沿着双面胶边缘用转印笔画出一条折线，并将纸张黏合成册。

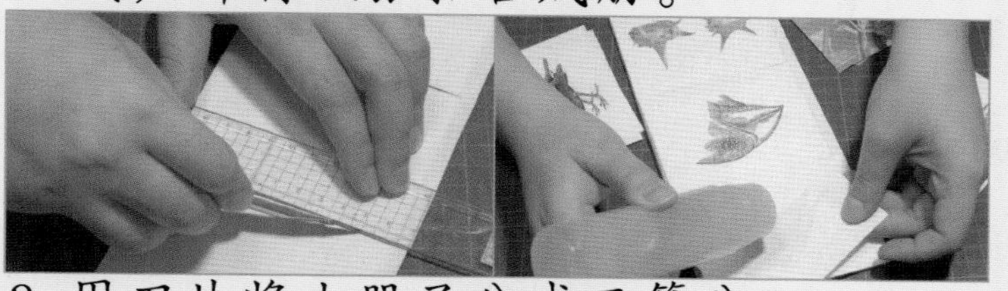

3. 用刀片将小册子分成三等分。
4. 将画好的各种雀鸟、鸟喙和食物用胶水贴在册子的上、中、下。

由于大陆漂移，陆块之间有时相连、有时分离，因此在相隔遥远的美洲和澳大利亚才会同时出现有袋动物。左图为分布于中、北美的负鼠，右图为澳大利亚的负鼠。（图片提供/维基百科，摄影/右：Cody Pope；左：Simon Paterson）

英语关键词

自然的阶梯 great chain of being

进化 evolution

进化论 evolutionary theory

创造论 creationism

遗传学 genetics

遗传性 inheritance

基因 gene

显性基因 dominant allele

隐性基因 recessive allele

基因型 genotype

表现型 phenotype

亲代 parental generation

杂交 hybridization

原始地球 early earth

原核生物 prokaryote

真核生物 eukaryote

单细胞生物 unicellular organism

多细胞生物 multicellular organism

内共生 endosymbiosis

线粒体 mitochondria

叶绿素 chlorophyll

核苷酸 nucleotide

脱氧核糖核酸 deoxyribose nucle acid（DNA）

染色体 chromosome

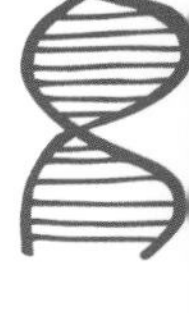

双螺旋结构 double helix

遗传密码 genetic code

有性生殖 sexual reproduction

雌雄同体 monoecious

雌雄异体 diecious

减数分裂 meiosis

双套染色体 diploid chromosome

配子 gamete

精子 sperm

卵子 egg / ovum

合子 zygote

受精作用 fertilization

性联遗传 sex linkage

变异 variation

突变 mutation

点突变 point mutaion

中性突变 neutral mutation

天择 natural selection

人择 artificial selection

性择 sexual selection

适应 adaptation

物种形成 / 种化 speciation

生殖隔离 reproductive isolation

多倍体 polyploidy

超同进化 convergent evolution

共同进化 coevolution

化石 fossil

古生物学 paleontology

同源 homology

同源构造 homologous structure

重演 recapitulation

生物地理学 biogeography

拉马克 Jean-Baptiste Lamarck

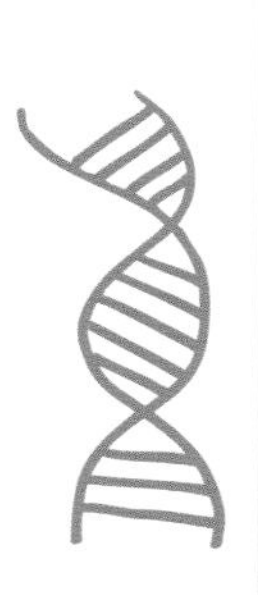

达尔文 Charles Darwin

华莱士 Alfred Wallace

孟德尔 Gregor Mendel

米勒 Stanley Miller

华生 James D. Watson

克里克 Francis Crick

新视野学习单

1 以下哪些“不是”达尔文进化论的内容？（多选）

1.物种的特征是逐渐演变而来的。

2.后天学习来的技能可以遗传给下一代。

3.所有的生物都源于单一或少数几个共同的祖先。

4.万物都是由神创造出来的。

5.天择是推动进化的力量。

（答案在06—09页）

2 孟德尔以7种豌豆的特征进行遗传学实验，请列出下面特征的对偶基因。

白花 ⟷ ________　　绿色种皮 ⟷ ________

圆皮 ⟷ ________　　绿色豆荚 ⟷ ________

高茎 ⟷ ________　　豆荚膨大 ⟷ ________

顶生花 ⟷ ________

（答案在10—11页）

3 关于生命起源的研究，以下哪些叙述是对的？（多选）

1.米勒最先在实验室中合成氨基酸。

2.地球上生命起源的地点可能是深海热泉。

3.已知最古老的生命出现在35亿年前。

4.原核生物是由真核生物进化而来的。

（答案在12—13页）

4 是非题，关于遗传物质与有性生殖，对的打○，错的×。

（　）配子中的染色体只有一般体细胞中的一半。

（　）一条染色体上只有一个基因。

（　）DNA的构造是双螺旋。

（　）基因是蛋白质构成的。

（　）男性身上的基因都来自爸爸，女性的都来自妈妈。

（答案在14—17页）

5 关于突变的叙述，哪些是正确的？（多选）

1.发生基因突变的生物都会死掉。

2.DNA复制时出了差错，就会造成突变。

3.只有发生在生殖细胞的突变才会遗传给下一代。

4.受到紫外线照射可能会增加突变的几率。

（答案在18—19页）

6 连连看，下列动物的构造和行为分别适应哪个筛选机制？

适应气候 · · 中地雀有大鸟喙。

躲避天敌 · · 体形娇小的红色贵宾狗。

追求配偶 · · 竹节虫长得很像树枝。

帮助觅食 · · 春天时，知更鸟会唱动听的歌。

人类喜爱 · · 企鹅的体内有一层很厚的脂肪。

（答案在20—23页）

7 关于科隆群岛上鬣蜥新种形成的假说，按发展顺序填上1—5的数字。

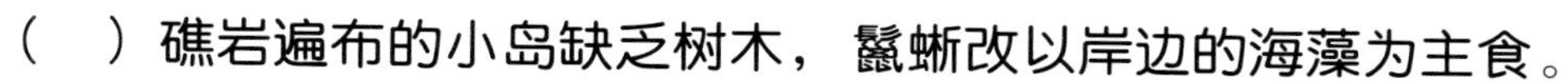

（　）礁岩遍布的小岛缺乏树木，鬣蜥改以岸边的海藻为主食。

（　）又有一群鬣蜥从大陆漂到小岛，两群鬣蜥已不再把彼此视为同类，不会相互交配，成为两个不同的物种。

（　）大陆上居住着一种鬣蜥，它们栖息在树干上以叶子为食。

（　）进化后，鬣蜥失去爬树能力，改以游泳取食浅海的藻类。

（　）偶然的飓风将树吹倒，一些鬣蜥连同倒木漂流到小岛上。

（答案在24—25页）

8 下列现象属于哪一类型的进化？超同进化填1，共同进化填2。

（　）牛角相思树上长着中空的刺，让蚂蚁做窝；蚂蚁则保护相思树不被其他昆虫侵袭。

（　）以白蚁为食的南美食蚁兽和澳大利亚袋鼬，舌头都又黏又长，而且牙齿退化。

（　）非洲的太阳鸟和美洲的蜂鸟都有细而弯的喙，便于取食花蜜。

（　）榕树提供果实给小鸟吃，小鸟则帮榕树传播种子。

（答案在26—27页）

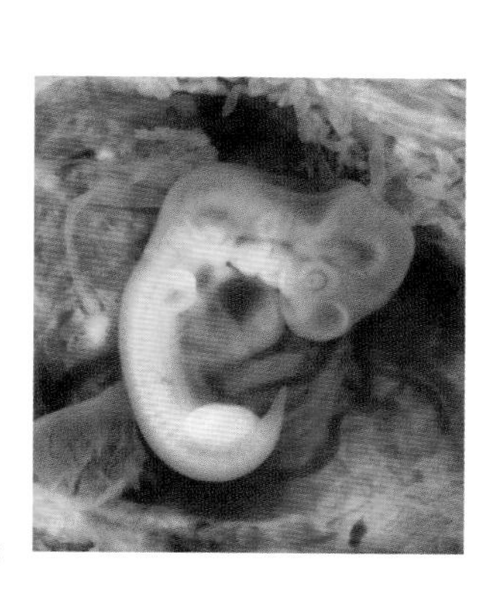

9 下列有关进化的证据，对的打○，错的×。

（　）目前已知最古老的化石属于真核生物。

（　）从始祖鸟化石的特征，可知鸟类是从哺乳类进化而来。

（　）海豚的肢鳍和人的手是同源器官。

（　）鲸是从陆生的哺乳动物进化而来，所以胚胎发育过程中会长出脚。

（答案在28—31页）

10 下列哪一个“不是”岛屿动物分布的特色。（单选）

1.出现在岛屿的动物多半迁移能力较强。

2.距离大陆超过500千米的岛屿，很少有鸟类分布。

3.在岛屿中，特有种的比例较高。

4.岛屿上常可看到有翅膀但不会飞的动物。

（答案在32—33页）

我想知道……

这里有30个有意思的问题，请你沿着格子前进，找出答案，你将会有意想不到的惊喜哦！

是华
线？
P.09

启发达尔文进化论最重要的地方是哪里？
P.09

什么是显性基因？
什么是隐性基因？
P.11

不错哦，你已前进5格。送你一块亚洲金牌！

了，
美洲

什么是同功器官？
P.26

织巢鸟如何防止杜鹃鸟托卵寄生？
P.27

地球上最早的生命可能出现在哪里？
P.13

太好了！
你是不是觉得：
Open a Book！
Open the World！

什么是进化上的军备竞赛？
P.27

已知最古老的生命化石有多老？
P.13

生物的遗传信息记载在哪里？
P.14

大洋
牌。

为什么有羽毛的恐龙化石是重要的进化证据？
P.28

什么是过渡物种？
P.28

人有几对染色体？
P.15

性别
，编
号？
P.17

什么是遗传密码？
P.15

获得欧洲金牌一枚，请继续加油！

谁发现**DNA**的立体结构？
P.15

图书在版编目（C I P）数据

遗传与进化：大字版 / 白梅玲撰文．—北京：中国盲文出版社，2014.5

(新视野学习百科；16)

ISBN 978-7-5002-5041-8

Ⅰ．①遗… Ⅱ．①白… Ⅲ．①遗传学—青少年读物②进化论—青少年读物 Ⅳ．①Q3-49 ②Q111-49

中国版本图书馆 CIP 数据核字 (2014) 第 064823 号

原出版者：畅談國際文化事業股份有限公司
著作权合同登记号 图字：01-2014-2141 号

遗传与进化

撰　　文：白梅玲
审　　订：于宏灿
责任编辑：王丽丽
出版发行：中国盲文出版社
社　　址：北京市西城区太平街甲 6 号
邮政编码：100050
印　　刷：北京盛通印刷股份有限公司
经　　销：新华书店
开　　本：889×1194　1/16
字　　数：33 千字
印　　张：2.5
版　　次：2014 年 12 月第 1 版　2014 年 12 月第 1 次印刷
书　　号：ISBN 978-7-5002-5041-8/Q · 2
定　　价：16.00 元
销售热线：（010）83190288 83190292

绿色印刷　保护环境　爱护健康

亲爱的读者朋友：

本书已入选“北京市绿色印刷工程—优秀出版物绿色印刷示范项目”。它采用绿色印刷标准印制，在封底印有“绿色印刷产品”标志。

按照国家环境标准（HJ2503-2011）《环境标志产品技术要求 印刷 第一部分：平版印刷》，本书选用环保型纸张、油墨、胶水等原辅材料，生产过程注重节能减排，印刷产品符合人体健康要求。

选择绿色印刷图书，畅享环保健康阅读！

北京市绿色印刷工程